「もしも?」の図鑑

大災害サバイバルマニュアル

How to survive a natural disaster.

著◆池内 了

実業之日本社

巨大地震

直下型地震の兵庫県南部地震（1995年１月17日）による
強力な地震のゆれにより、倒壊した高速道路

ダンス

巨大地震 p.26

巨大津波

東北地方太平洋沖地震（2011年３月11日）は、地震だけでなく、津波も想像を絶する巨大さだった

巨大津波（きょだいつなみ） p.38

火山噴火

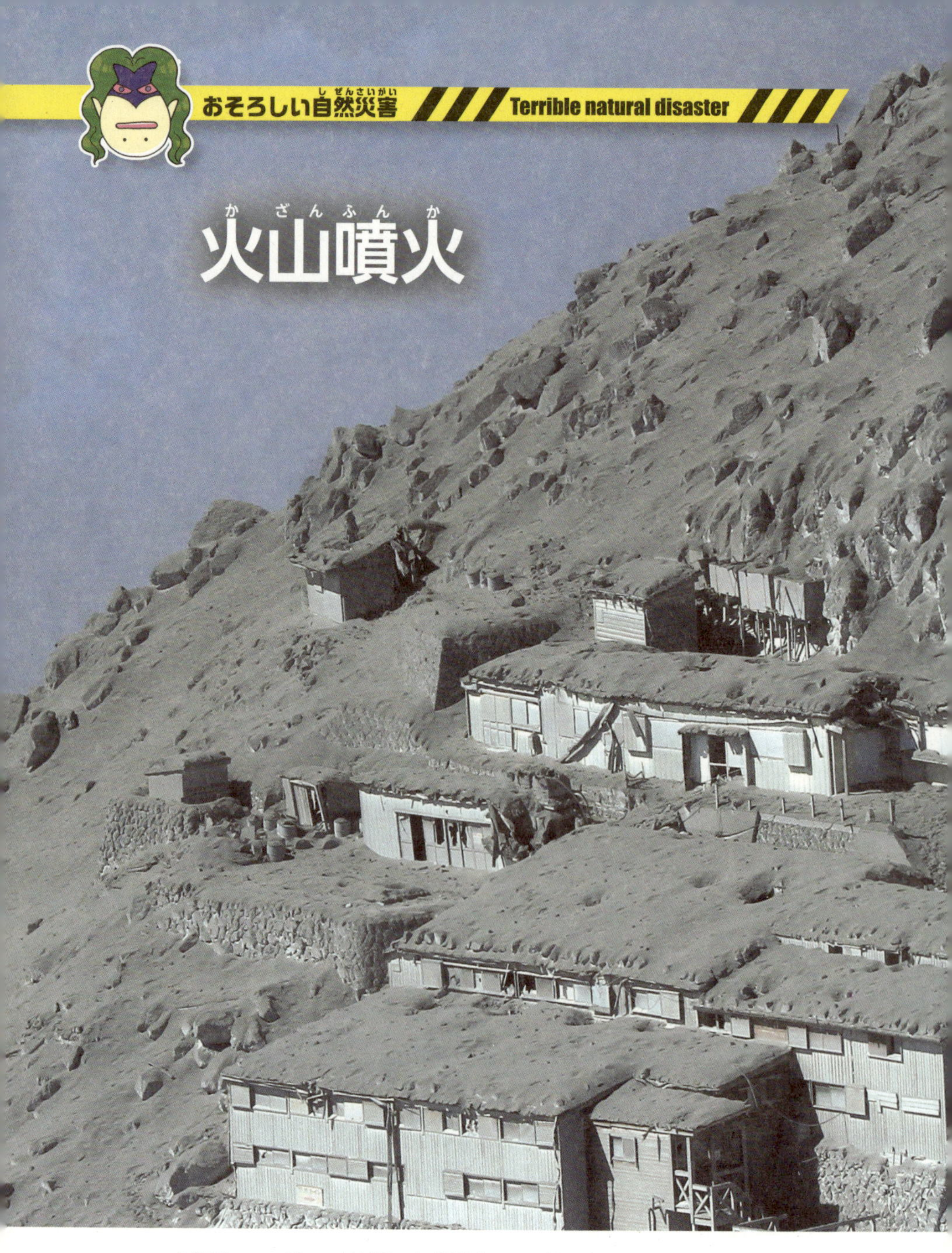

たくさんの登山客がいる中で、御嶽山が突然噴火(2014年９月28日)。
噴石などの直撃により、たくさんの人が命を落とした

火山噴火(かざんふんか)　p.48

記録的な長雨により、茨城県常総市を流れる鬼怒川が氾濫した（2015年9月10日）

長雨（ながあめ） p.66

猛暑

2015年にインドをおそった猛暑は、道路の
舗装もとかすほどすさまじかった

猛暑（もうしょ） p.78

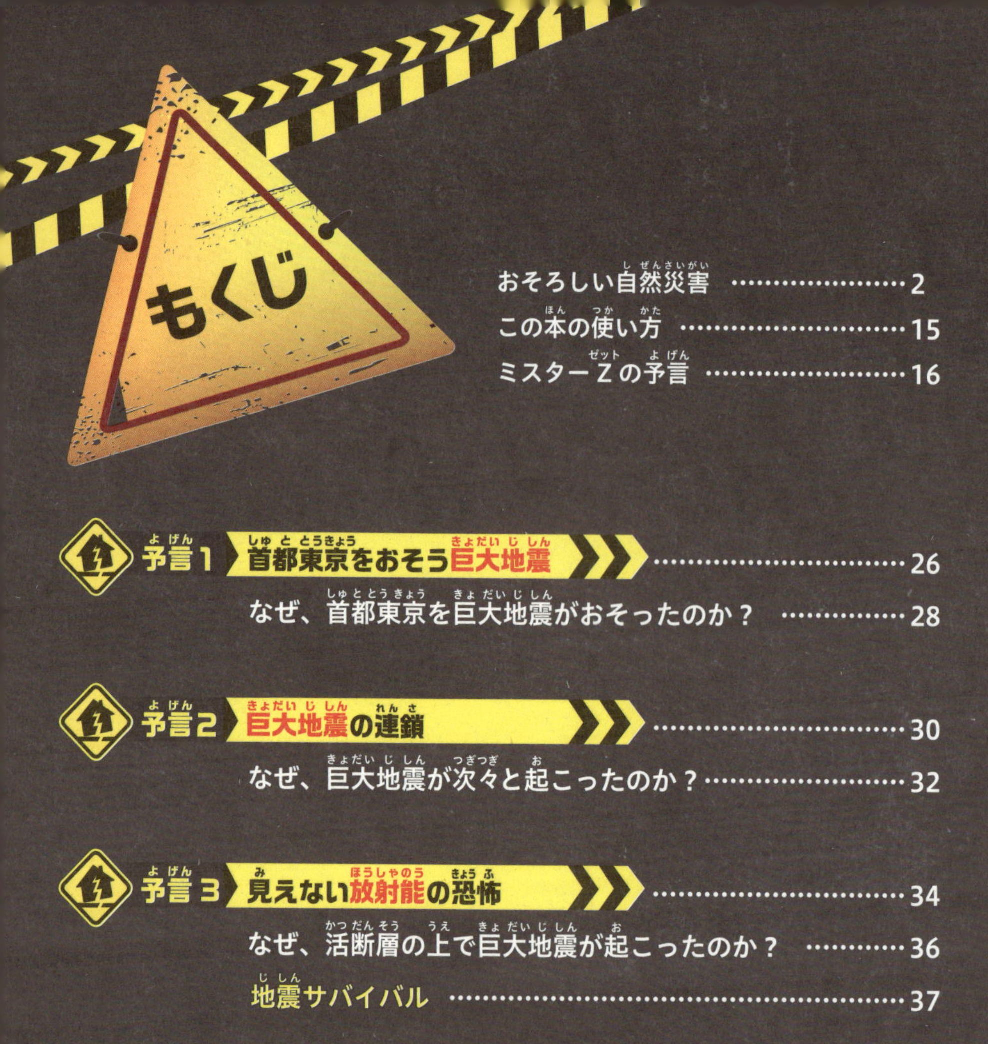

もくじ

この本の使い方

みなさんがくらす日本は、世界的に見ても地震や火山の噴火が多く発生する国です。もし、ミスターZが予言する自然災害が実際に起こったら、生き残ることができますか？　本書を読んで、自然災害のこわさとサバイバル方法を正しく知って、生き抜きましょう。

天の怒りが巨大なひょうとなり、天罰をあたえる

おそろしい17の自然災害が、お前たちを破滅させるだろう。フッフッフッ……

ミスターZが日本を壊滅させる、おそろしい17の自然災害を予言。イラストで自然災害のおそろしさを学べます。

ぼくの言うことを守れば、絶対に生き残れるよ！

なぜ、巨大なひょうが降ってきたのか？

激しい上昇気流により巨大化

ひょうサバイバル

なぜ、その自然災害が起こったのか、その理由について、図解とわかりやすい文章で解説します。

おそろしい自然災害がおこったとき、どうやって生き残るか、サバイバル方法についてサバイバーが説明します。

ミスターZの予言
ぼく、ツヨシ（小6）
ある夜、家族とテレビを観ていたら……
ママ
バチン
わっ！
真っ暗！！ 停電？
なに？ なに？
ワン！
ワン！
ワン！

日本国民諸君、
わたしは予言者
ミスターZと申す……
あれ!?
テレビだけ
ついた!!
ヒューン

これから数か月の間に
君たちの国に災いが
起きるであろう……
ええっ!?
なんだって!
ワン!
ワン!

巨大地震が……
巨大津波が起こり……

さまざまな自然災害が立て続けに起こる
ごくっ……
君たちの国は壊滅的な被害を受ける

フッフッフ……幸運を祈る……
あっ！

ねえ、いまのなんだったんだろうね

あっ、電気ついた

き、きっとなにかのいたずらよ

ママは気にしないよう
言ってたけど
ぼくは
なんか心に
ひっかかり
そんなある日

いつもと同じように
授業を受けていたとき
え…
パラッ…
それは突然やってきた

ガッタン
な、なに!?
キャーッ
地震よ～!!
わっ
ゆれてる!

東京でマグニチュード9.2の
首都直下型巨大地震が発生
未曾有の大災害に
おそわれたのだった

ミスターZの
言ってた通り……
本当に地震が
来ちゃった……

よかった
無事だったのね
パパも
大丈夫よ
ツヨシ!!
ワン
ワン
ママ!!
学校までママが
心配して来てくれた
家族は無事だったのだ

でも、自宅が
つぶれてしまい
ガヤ
ガヤ
ぼくらは当分
避難所ぐらしになった
犬のチロが校庭で
飼えてよかったわね
うん

ツヨシくん!!
みんなここにいるよ
ミキちゃん

なんだか
6年1組
大集合だね
みんなも
ここに避難
してたんだね

クラスのみんなに
会ったことで、ぼくは
なんだかすごく安心した
ワイ
ワイ
菓子いるかー
トランプ持ってきてよかった…

そういえばさ
地震前に
変なテレビ
観なかった？

もしかして…
ミスターＺ！！

わたしも
観たわ
なんか
変なマスク
してたね
不気味
だったね

地震のあと
巨大津波が
起こるって……
たしか言って
たわね……

それだけじゃ
ないよね
この後……

火山が大噴火して
巨大台風が来て
超ゲリラ豪雨で水没
猛暑、干ばつの灼熱地獄
海面上昇し沿岸地域は水の底にしずみ
巨大竜巻がすべてをこわすんだ

こわいよォ〜!!

このままだと
日本が
なくなっちゃう！！
大丈夫だよ

君…誰？
不思議な生き物ね

ぼくは
自然災害サバイバー
ぼくの言う事を
守れば、
生き残れるよ

本当に!?
助かるの!?

ハーイ
じゃあ、この後
自然災害の
メカニズムや
サバイバル方法を
教えるよ
みんな
ついてきてね

予言1

首都東京をおそう巨大地震

⚠DANGER

地震によって、地面が何十メートルも盛り上がったり（隆起）、地面の底が抜けたように何メートルもしずみこんだり（沈降）する

ビルの密集地は気流が起こりやすく、渦が巻きやすくなっており、炎の竜巻のような、200mを超える火災旋風が発生

お前たちがくらす大都市東京を、かつて経験したことのない巨大なゆれがおそうであろう……

なぜ、首都東京を巨大地震がおそったのか？

プレートの上にある日本列島

相模トラフ付近に巨大エネルギーが蓄積

地殻には、さまざまな方向から力が加わっており、圧縮、ねじれ、ゆがみが発生します。やがて地殻が破壊され、形が大きく変わったり、粉々になったりしたとき、地面が大きくゆれます。これが地震です。

地震が起こりやすいところは、地殻に大きな力がかかっている場所です。地球の表面は、「プレート」とよばれる板のような形をした何枚もの岩盤におおわれていて、動いています。それらの岩盤がお互いに接し合う境界のところでは、岩盤

首都直下型地震のしくみ

大正時代に起きた関東地震（1923年9月1日）も、相模トラフで発生したのだ……

同士がぶつかったり、こすれ合ったり、もぐりこんだりしており、そこで大きな力が働きます。地震は、このようなプレートの境界で起こるのです。

東京は、北側の北アメリカプレートの下に、南側のフィリピン海プレートがもぐりこんでいる場所（これを「相模トラフ」といいます）のすぐ近くにあります。この2つのプレートの間には摩擦で大きな力がかかり、岩盤が歪み、東京の真下の辺りでプレートが破壊されて、巨大地震が発生したのです。

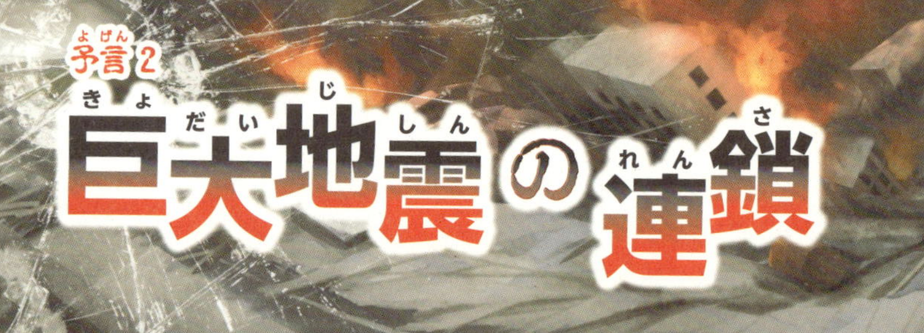

予言2

巨大地震の連鎖

⚠DANGER

都市部ではビルや家が倒壊、火災などで多くの死者が出る

⚠DANGER

隆起・沈降が各地で起こる

太平洋沿岸部には
巨大津波が次々と
おしよせる

⚠DANGER

地殻のバランスが崩壊、
日本はどこでも地震が
起こりうる状態となる

巨大地震が起こるのは東京だけではない。東京を発端に、巨大地震が日本中で次々と起こる。恐怖の連鎖は終わらない……

なぜ、巨大地震が次々と起こったのか？

日本列島に平行する巨大地震震源域

地殻がこわれることで、日本列島全体は常に地震が起こりやすい状況にあります。その中でも、巨大地震の可能性が最も高いのは、陸のプレートの下を海のプレートがしずみこむ太平洋側のプレート境界付近です。

記憶に新しい 2011 年 3 月 11 日に発生した「東北地方太平洋沖地震」もプレート境界に震源域があります。

東北地方は、日本列島の北東側の北アメリカプレートの下に、南東側の太平

繰り返される南海トラフ地震

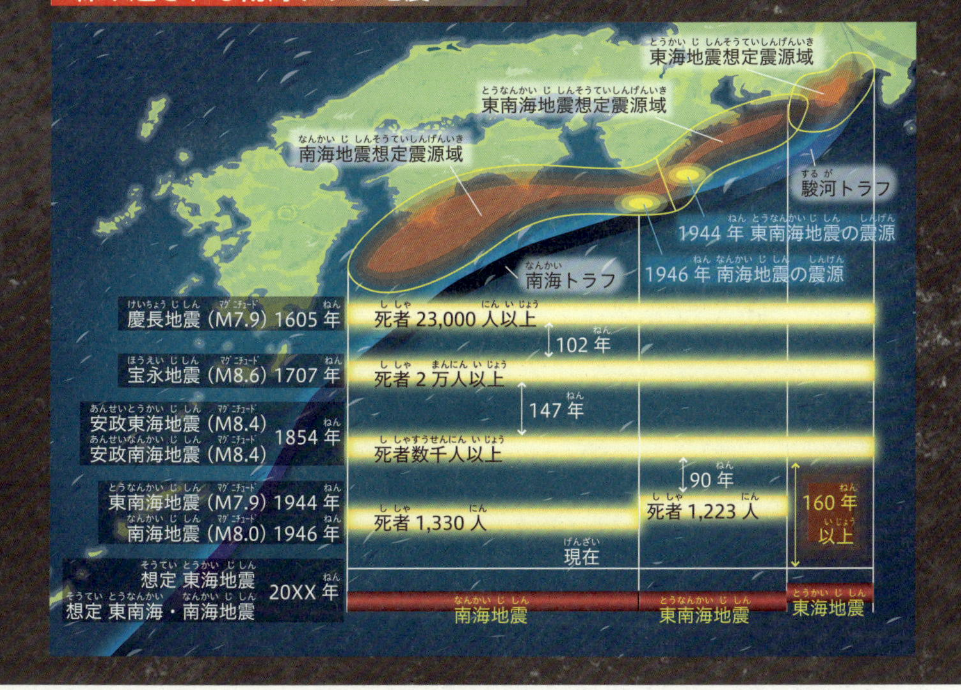

洋プレートがもぐりこんでいます。この2つのプレートが接している場所が「日本海溝」で、カムチャッカ半島まで連なり地震の巣となっています。「東北地方太平洋沖地震」では、長さ500km、幅200kmにも渡り岩盤が次々と崩壊し、M 9*を超える、巨大地震となったのです。

連動する東海、東南海、南海地震の恐怖

一方、西日本では、北側のユーラシアプレートの下に、南側のフィリピン海プレートがしずみこんでいます。この場所を南海トラフといいます。南海トラフでは、静岡県駿河湾を中心とする東海地震、浜名湖沖〜紀伊半島の潮岬沖に至るまでの東南海地震、潮岬沖〜四国の足摺岬沖までの南海地震という、M 8クラスの巨大地震が連動したり、少し時間をあけて、別々に発生したりしながら、過去90〜150年の間隔で繰り返し発生してきました。

南海トラフ地震が連鎖的に発生すれば、居住人口の多さなどで、東北地方太平洋沖地震の数十倍の被害が出ると予想されています。

＊M(マグニチュード)は地震そのものの大きさ(規模)を表す単位。震度はゆれの強さを表す

予言3

見えない放射能の恐怖

DANGER
活断層の上にある
原子力発電所は倒壊

⚠DANGER

大気中に放射能が拡散。数十キロ四方で立ち入ることができなくなる

⚠DANGER

地震により、地下の固い岩石の層が破壊された部分を断層、比較的新しく、今後も動く可能性のある断層を活断層という

巨大地震の恐怖は目に見えるものだけとは限らない。活断層の上にある原子力発電所が倒壊し、放射能が空気中に拡散される。見えない悪魔がお前たちを苦しめる……

なぜ、活断層の上で巨大地震が起こったのか？

活断層だらけの日本列島

日本列島は、北東側に北アメリカプレート、北西側にユーラシアプレートがあり、南東側に太平洋プレート、南西側にフィリピン海プレートがあって、4枚の巨大なプレートが接し合う境界に位置しています。そして、北側のプレートの下に南側のプレートがもぐりこんでいて、絶えずプレート間に力が働いています。

そのプレート間に働く力がどんどん溜まって限界を越えると、プレート境界の岩盤がこわされて巨大地震が起こります。こわれた岩盤が地面の割れ目をつくり、それが連なった部分が活断層で、いわば地震の通り道になるわけです。日本にはいたるところに活断層が走っており、どこでも地震が起こることを覚悟していなくてはなりません。

地震サバイバル

巨大地震はこわい。でも、まずは冷静になってあわてないこと。地震が起きたら、ただちに近くの机やテーブルの下にかくれる。やがてゆれがおさまったら、ガラスの破片でケガをしないよう靴を履いて、携帯ラジオやスマホで状況を確認して外に避難しよう。頭上に注意して頭を隠し、窓ガラスやショーウィンドウ、ブロック塀や電柱などから離れることが肝心。家族と車に乗っていたら路肩に停車し、エンジンを切って車の状況をチェック。乗り捨てる場合は、キーをつけたままロックしないようにしよう。

予言4

東京湾岸を飲みこむ巨大津波

⚠DANGER
津波の高さは
30m以上

湾岸地域の石油コンビナートでは大火災が発生。また、津波により油が内陸部まで運ばれ、石油コンビナートから離れた地域でも火災が起こる

30 mを超える巨大津波が東京湾岸をおそう。お前たち人間は自然の脅威の前に、ただ、呆然と立ちつくすだけであろう……

なぜ、東京湾で巨大津波が起こったのか?

巨大津波発生のしくみ

東京湾の細長く浅い地形が原因

東京湾沖合で地震が起こって津波が発生すると、２つの理由で津波が陸地に近づくにつれどんどん大きくなります。

１つは、東京湾の細長い形のためです。津波は、海面では四方八方に広がり波が分散しますが、東京湾は沿岸部がせまく、細くなっているため、津波が東京湾に侵入してくると、四方八方に広がっていた津波の向きが一方向にそろい、波が

首都直下型地震の津波被害が予想される沿岸地域
栃木県
群馬県
茨城県
埼玉県
津波被害
東京都
神奈川県
千葉県
津波は河川を逆流する。荒川、江戸川、利根川付近の海抜の低い地域は完全に水没。30mの津波がおそえば、さらに津波がおそう範囲は埼玉県の内陸まで広がる。
海からあんなにはなれたところまで……こわいよ～！

集まり高くなっていきます。

もう1つは、東京湾の浅さです。津波は水深が浅くなるにしたがい、速度が遅くなります。東京湾は水深が浅いので、津波の速度が遅くなり、後ろから来る波がどんどん追いつき、波が溜まり津波の高さが高くなっていきます。この2つの理由から、東京湾では津波が急速に大きくなりやすくなっています。

ほかの問題として、東京湾岸には多数の石油コンビナートがあります。地震によってその石油タンクが破壊され、津波によって石油が内陸部まで運ばれ、石油コンビナートよりもかなり離れたところでも大火災が起こることが考えられます。このように津波によって発生する火災を津波火災といい、思いがけない大事故につながることがあるので油断できません。

津波の高さと津波の威力

津波の高さ	 50cm	 1 m	 4 m	 15m以上
建造物の被害	 自動車が流される	 木造家屋部分的破壊	 木造家屋は全壊	 鉄筋コンクリート造の建物全壊

※対比として人を配置していますが、実際は30cmの津波でも人はあっという間に流されてしまいます。

日本語の津波がTsunamiとしてそのまま世界共通の言葉となっているよ

それだけ、日本には地震や津波が多いってことだね

想像を絶する津波の力

津波の力は想像以上に大きく、たった 50cm ほどの津波でも車を簡単に流してしまいます。1mを越すと木造の家の一部がこわされ、2mを越すと全壊する可能性があり、港につながれている漁船は岸壁に打ちつけられこわされてしまいます。8mを越すと防潮林は役に立たなくなり、石造建築物も持ちこたえられず、15 mを越えると鉄筋コンクリート造の建物でさえ被害を免れません。

2011 年に、東北地方太平洋沖地震によって発生した巨大な津波が三陸海岸をおそいました。その結果、2 万名近くの死者と 2600 名以上もの行方不明者を出しました。津波は大量の海水がいっしょになって動くため、巨大な力を周囲におよぼすのです。

津波サバイバル

海岸の近くにいて地震の強いゆれを感じたり、弱くても長い時間ゆっくりしたゆれを感じたら、津波が起こる可能性があるから、まずは自分だけでも近くの高台に急いで逃げよう。そのため、日頃から避難場所(どこへ逃げるか)と避難ルート(逃げる道順)を家族の人たちと確認しておくこと。防潮堤や防潮林があるけど、それらにたよらず、自主的に、そしてすばやく高台に避難するということが、津波サバイバルの最善の方法だよ。

液状化で大地はドロ沼と化す

⚠DANGER

電柱は倒れ、切断された電線からは電気火花が飛び、火災を引き起こす

⚠DANGER

水道管はこわれ、むき出しとなり、水があふれ出す

木造家屋や、地下の固い岩盤まで杭が達していないマンション、ビルなどは大きく傾く

DANGER

道路はいたるところで陥没

お前たちの町はやがて底の見えない沼と化す。ドロ沼は、あたかもアリ地獄のように、あらゆるものを飲みこむだろう……

なぜ、液状化が起こったのか？

液状化のしくみ

地震前

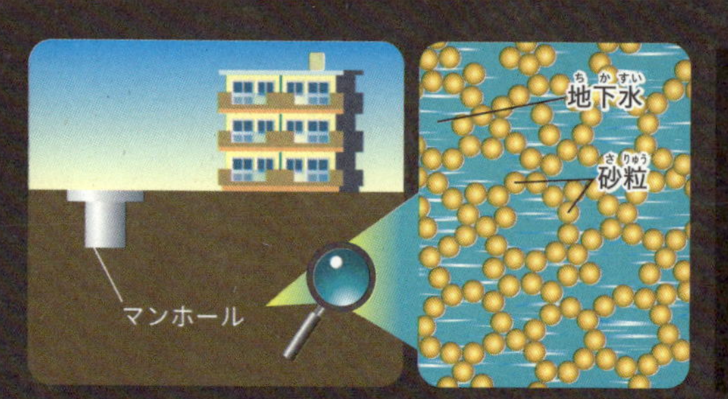

砂がゆるくつまった地盤で液状化は起こる。砂同士はゆるくくっついているが、間には多くのすき間があって、そのすき間には地下水がある。

地震発生

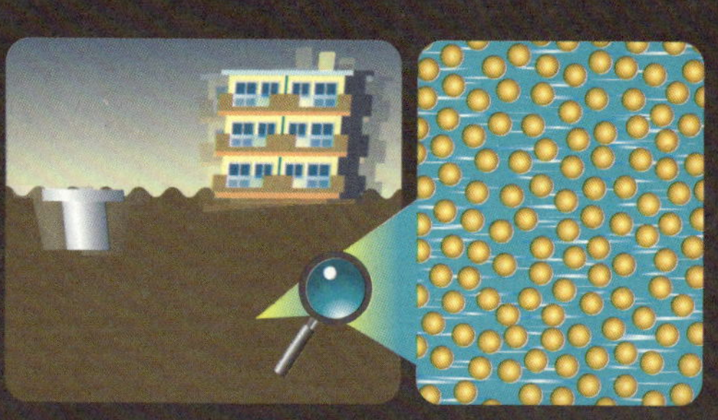

巨大な地震ではげしくゆらされると、砂と砂がはなれ、水にうかんだような状態になる。これが液状化。地盤が液体のようになり、重い建物はしずむ。

地震後

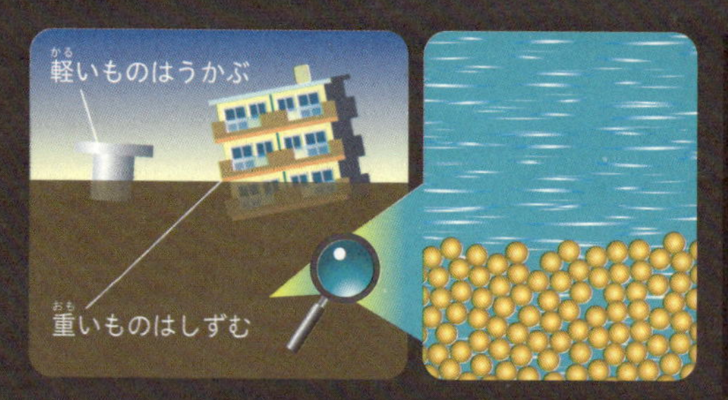

地震のゆれがおさまると、ういた砂はしずむ。このとき、砂が下につまった状態になって、液状化前よりも地面が低くなる（地盤沈下）。また、地盤にあった砂や水が噴き出す。

しずむがよい、
おろかものどもよ……
フッフッフッ……

1964年に起きた
新潟地震で
国内で液状化現象が
はじめて注目される
ようになったんだ

地震によって地面が液体のようになる

首都直下型地震で地面がはげしくゆらされると、もともと水分の多い土地を埋め立てて宅地にしたところでは、地盤が水に浮いたようになり、土地が液状化します。東京湾付近の荒川両岸地域やお台場、あるいは東京湾を埋め立ててつくった千葉県の浦安市などは、海抜ゼロメートル地帯とよばれ、海面よりも土地が低く、海水が多くふくまれているため、ひとたび巨大地震が起こると液状化し、泥田のようになってしまいます。

そのため家がつぶれたり、傾いてしまったり、倒れた電柱からのびる電線からは電気火花が飛び、あちこちで火災が発生します。また、東京湾には多くの石油コンビナートがあって、石油タンクが大爆発を起こし、大きな被害が出るでしょう。

液状化サバイバル

液状化で家が傾いてきて、あわてて家を出ようとするとすごく危険！家は一度につぶれることはないから、慎重に、固い地盤のところを探そう。地盤に岩石がふくまれている場所は陥没しないので、おそるおそるそのような場所を探して伝い歩きして避難するしかない。また、大きな樹木は根が深く張っていて倒れにくいから、そのような植えこみを伝うのもいい。そして、むかしからあるお寺や神社の境内に逃げこもう。お寺や神社は、埋め立てられる前からその土地にあった建物だから、安全だよ。

予言6

止まらない火山噴火の連鎖

⚠DANGER

日本は100を超える火山があり、世界でも有数の火山大国

巨大地震が日本列島に本格的な火山活動期をもたらす。その影響で、日本中の火山が次々と大噴火を引き起こす。噴火の連鎖は止まらない……

DANGER
火山灰は風に乗って、遠方まで広がる
DANGER
麓の町では、溶岩流や火砕流、噴石が降りそそぐ

なぜ、日本列島の火山が次々と噴火したのか？

日本の火山分布とプレートの位置

巨大地震が火山噴火を引き起こす

日本列島は４枚のプレートの上にあり、お互いにぶつかりあいながら微妙なバランスを保っていました。しかし、巨大地震の発生が、微妙なバランスの上に成り立っていた地殻のバランスをくずしたことで、日本列島はいつ、火山が噴火してもおかしくない状態になりました。

地殻に働く力が釣り合い、マグマが静止していた状態のところに、首都直下型

火山噴火のしくみ

地震から始まる巨大地震の連鎖によって、力のバランスが大きくくずれて、日本列島中の地下のマグマの活動が活発化しました。その結果、各地の火山においてマグマが噴出するようになり、次々と大噴火を引き起こしたのです。

プレートの境界で火山ができる

プレートの境界では、陸側の軽いプレートの下に海側の重いプレートがしずみこみます。この２枚のプレートは摩擦のためにプレート内部の岩盤の温度が高くなり、そこにふくまれていた水は熱せられ蒸気となります。そして、プレート上のマントルに吸収されます。マントルは溶けてマグマとなり、軽くなって上昇し、地殻に達すると「マグマ溜まり」をつくります。溜まったマグマの中では、とけていた水や二酸化炭素があわとなって出てきてマグマはさらに軽くなり、上昇し、ついに噴火を引き起こします。

火山災害の種類

さまざまな火山災害

火山の噴火は、周辺地域に大きな災害をあたえます。

爆発的な噴火によって吹き飛ばされた岩石のうち、50㎝以上のものを「火山弾」、50㎝以下のものを「火山れき」といいます。火山弾は噴石ともよばれ、火口から高速で数 km 先まで飛び、建物を打ち破るほどの破壊力があります。

火口から高温の火山灰、岩石、水蒸気、ガスが一体となって流れ下るのが「火砕流」です。温度は数百度に達し、地形に関係なく、広範囲を時速 100km もの速さで斜面を流れ下ります。火砕流が目の前で発生したら、のがれることは不可能で、火山災害の中でも最も危険です。これに対し「溶岩流」は、マグマが直接流れ出る高温の溶けた岩石流です。速度は時速 4km くらいでゆっくりしていますが、温度は火砕流以上で、溶岩流が通過するとすべてを焼きつくします。そして、溶岩はやがてかたまり、周辺は不毛の大地となります。

火山ガスには、水蒸気以外に、二酸化炭素、二酸化硫黄、硫化水素など有毒ガスがふくまれており、吸いこんでしまうと死にいたることもあり大変危険です。

また、火山噴火による堆積物が雨などにより水をふくみ、斜面を流れ下ることがあり、これを火山泥流といいます。雪の多い地域の火山では、火山噴火によって雪がとけて、大量の水が土砂を流れ下ります。これを融雪型火山泥流とよび、通常の火砕泥流以上の被害をもたらす可能性があります。

火山噴火サバイバル

火山が噴火すると、気象庁や自治体からインターネットなどを通じて避難指示が出るから、指示にしたがって、すばやくあわてずに避難しよう。避難するときは、長袖の服を着て、日ごろ用意している非常用持ち出し袋をもち、ハザードマップなどで決められている避難場所へ移動しよう。もし、火山の近くにいたら、有毒な火山ガスが発生しているかもしれないから絶対に近づかない！　もし、目の前で噴火してしまったら、リュックサックなどで身を守り、近くのシェルターや避難小屋などにとにかく逃げこむしか生き残る道はない！

予言7

カルデラ噴火が九州を壊滅させる

⚠DANGER

火山灰は1000km離れた関東地方にもとどく

600℃の灼熱の火砕流は時速100kmもの速さで、周囲50kmの範囲に広がり、すべてを焼きつくす

DANGER

カルデラの直径は約20km

九州地方で２万９千年前にできた姶良火山が再び大噴火をする……まさにこの世の地獄だろう……

なぜ、カルデラ噴火が起こったのか？

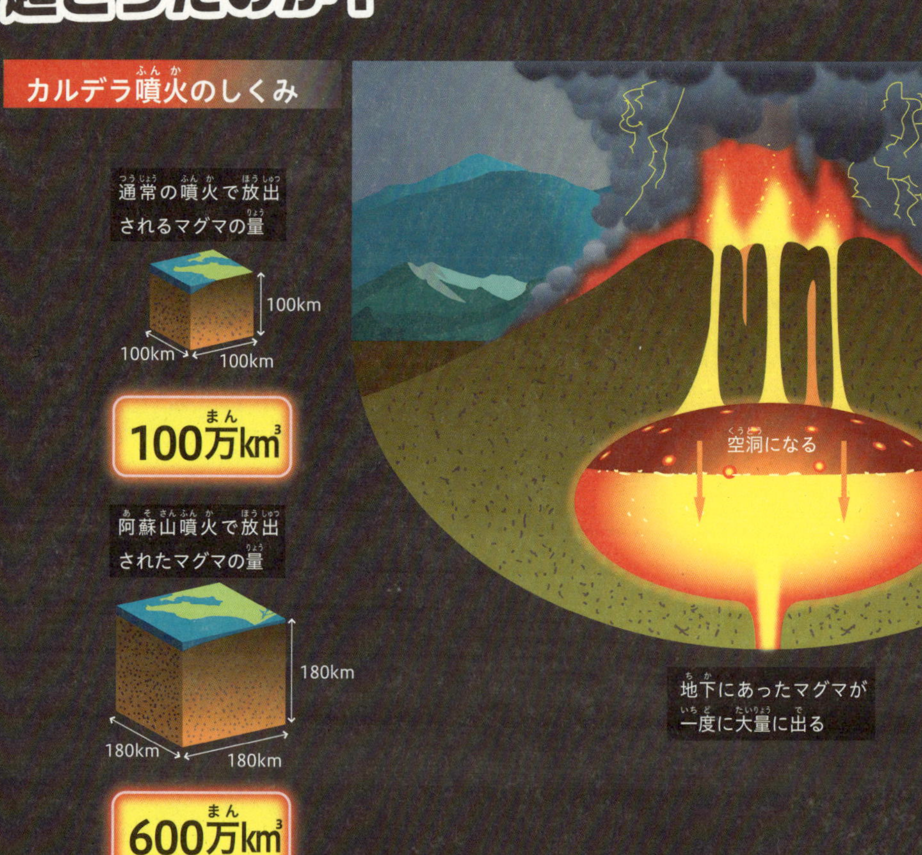

たまっていた膨大なマグマが一気に大爆発

地下にたまったマグマが一気に噴き出す壊滅的な火山噴火のことをカルデラ噴火といいます。カルデラ噴火は、気候や環境を変え、生物を絶滅に追いやるなど、地球規模の影響をあたえます。そして噴火後は、巨大なカルデラを形成します。

日本における歴史上最大のカルデラ噴火は９万年前に起こった阿蘇山の噴火で、放出したマグマの量は 600 万 km³で、南北 25km、東西 17km もの大型カルデラが残されました。

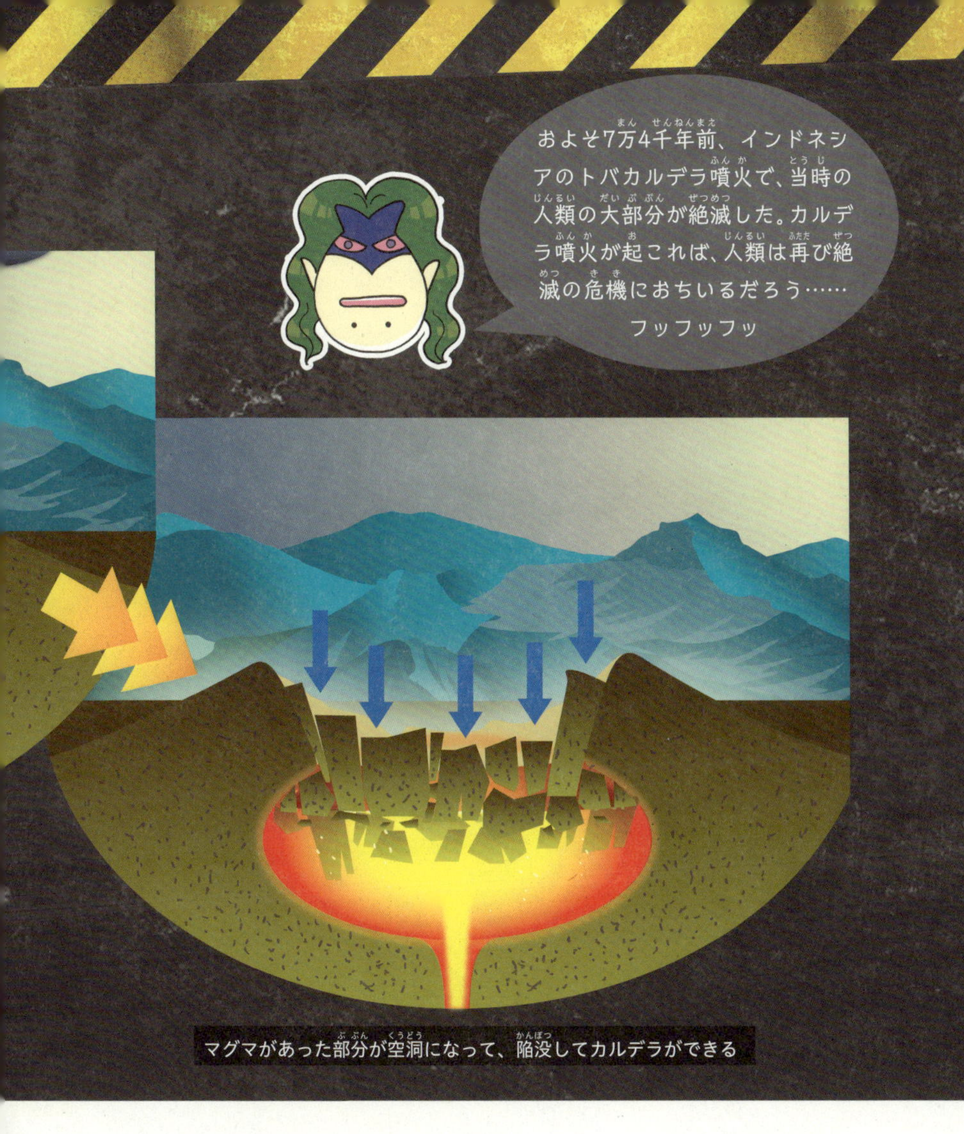

およそ7万4千年前、インドネシアのトバカルデラ噴火で、当時の人類の大部分が絶滅した。カルデラ噴火が起これば、人類は再び絶滅の危機におちいるだろう……
フッフッフッ

マグマがあった部分が空洞になって、陥没してカルデラができる

阿蘇山の噴火では、火砕流が山口県にまで広がりました。また、2万9千年前に起こった姶良火山から噴出した火山灰が九州のシラス台地をつくり、火山灰は、遠く東北地方にまで飛び、5cmも積もりました。姶良大噴火によって形成されたカルデラが錦江湾（鹿児島湾）で、直径20kmにおよびます。

日本で起きた最後のカルデラ噴火は、7300年前に起こった屋久島近くの海中の喜界カルデラ噴火（アカホヤ噴火）で、大隅海峡にカルデラがあります。数万年おきに何度も爆発を起こして巨大なカルデラになったと考えられています。

予言8

火山の冬が世界を暗黒の世に変える

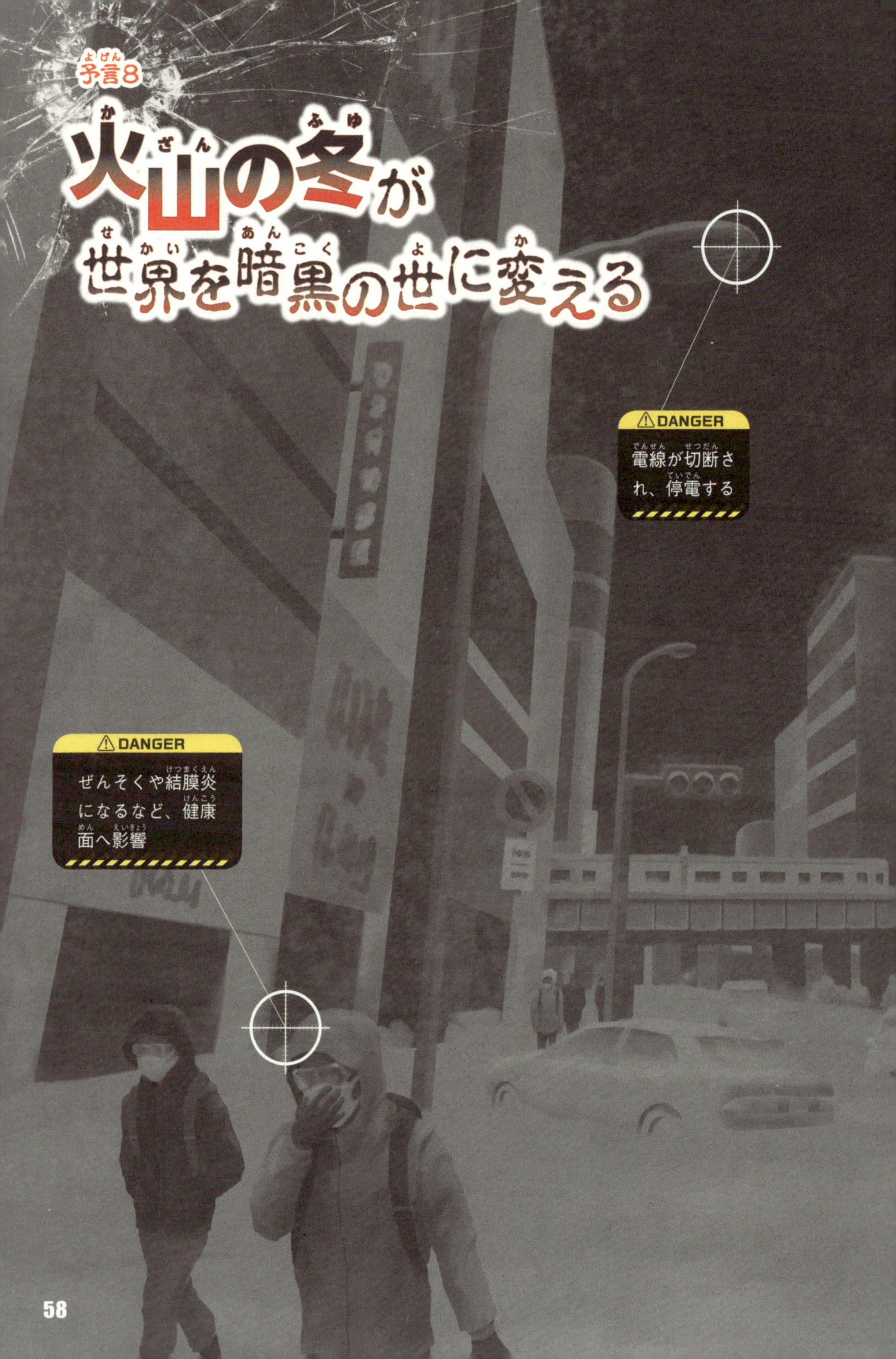

DANGER

電線が切断され、停電する

DANGER

ぜんそくや結膜炎になるなど、健康面へ影響

お店では商品の仕入れができず、営業ができなくなる

DANGER

火山灰による自動車のスリップなどで交通がマヒ

カルデラ噴火による火山灰は、太陽の光をさえぎり、やがて世界を暗黒の世と変えるであろう……

なぜ、火山の噴火が世界を暗闇にしたのか？

火山の冬のしくみ

火山灰が太陽の光をさえぎる

カルデラ噴火によって上空高く舞い上げられた火山灰は、やがて成層圏まで達します。やがて火山灰は風にのって、地球全体に広がります。

火山灰には火山ガスがふくまれ、その一部が化学反応をおこし、太陽の光を吸収します。そして、地上にとどく太陽光が減り、地球はどんどん冷えていきます。太陽光の吸収がはげしくなると、氷河期のように地球は氷におおわれてしまいま

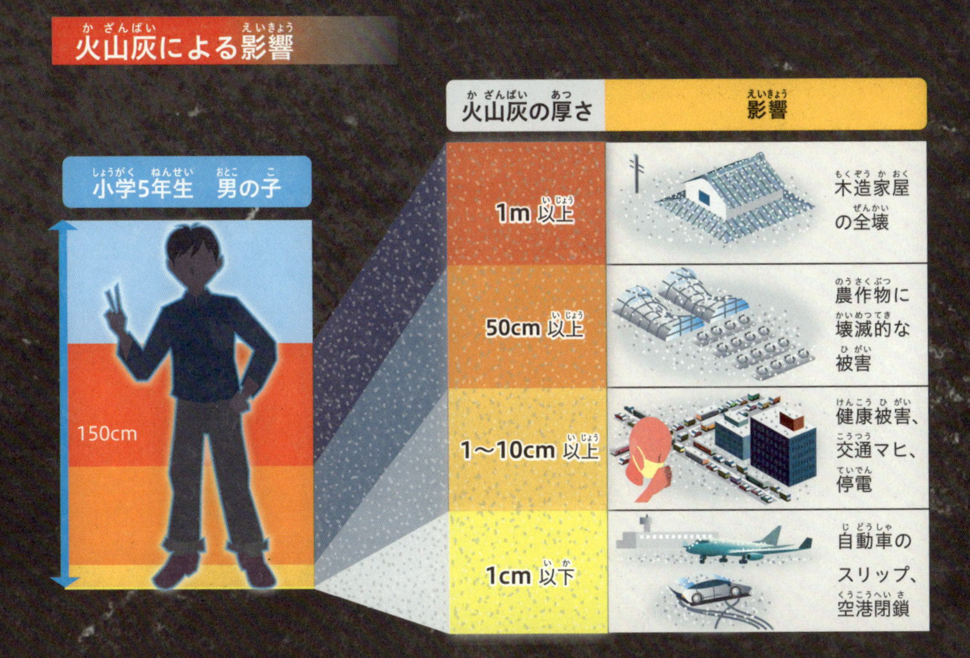

す。これが火山の冬です。火山の冬により、地上では農作物が育たず、食糧不足が深刻となるでしょう。

 深刻な火山灰による影響

火山灰にはガラス質の結晶がふくまれていて、それを人が吸いこむとぜんそくや、目に入ると結膜炎や網膜剥離になってしまいます。屋根に堆積した火山灰は雨が降ると重くなり、木造家屋であれば全半壊します。電線は火山灰の重みによって切断され停電し、上水道は汚染されて使えません。下水溝には火山灰が詰まって排水できなくなり、道路はすべりやすく、自動車はスリップして大変危険です。上空に舞い上がった火山灰がジェット機のエンジン内に入ってしまうとエンジンが停止してしまいます。また、滑走路に火山灰が積もると、スリップしたりブレーキがきかなくなり離着陸することができません。農作物は枯れ、農地そのものが火山灰におおわれて使えなくなってしまいます。

このように、火山灰が降り積もるとさまざまな問題が発生し、わたしたちのくらしを直撃し、社会生活に深刻な影響をもたらします。

予言9

ゲリラ豪雨が都会のビル群を水没させる

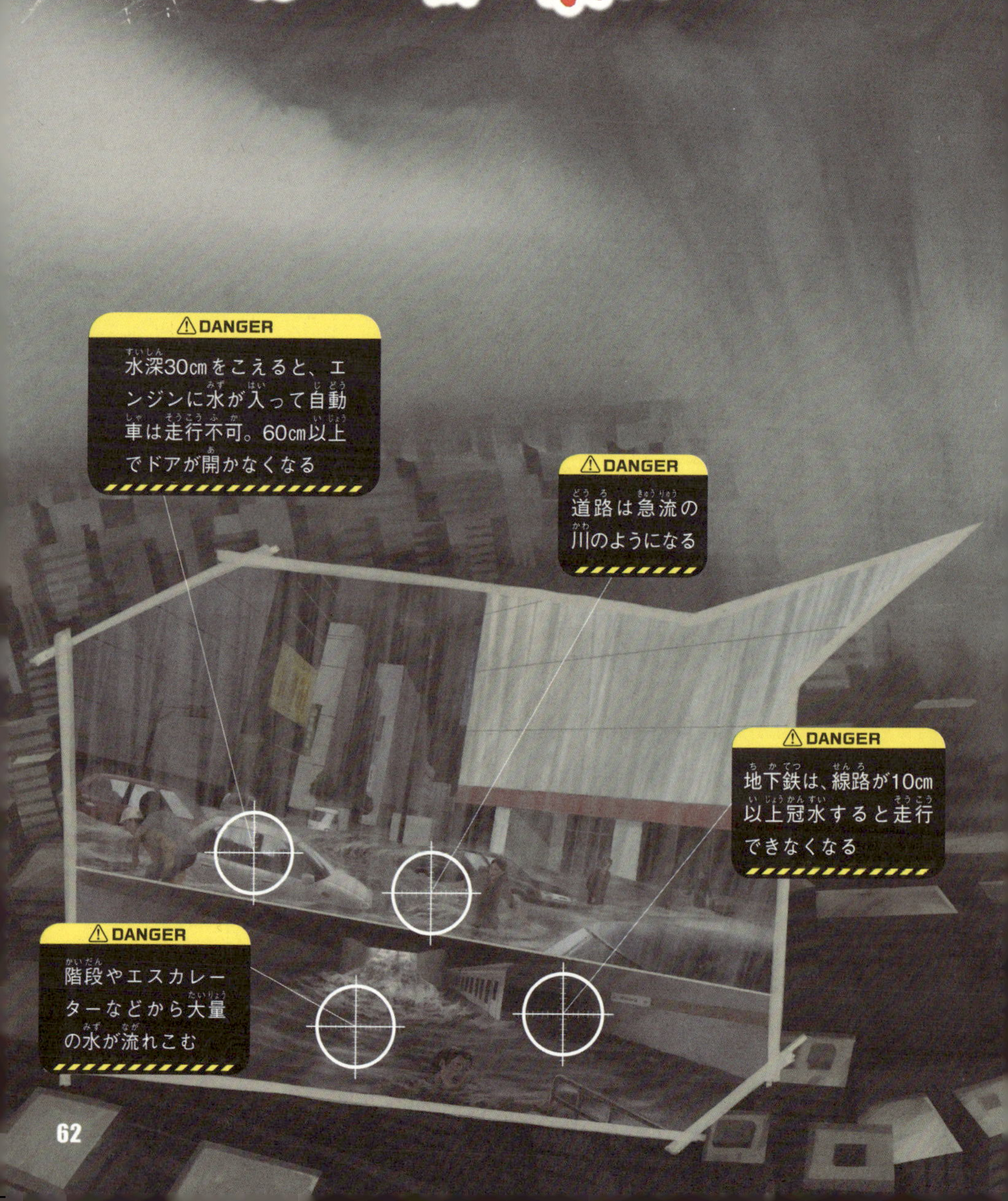

⚠DANGER

水深30㎝をこえると、エンジンに水が入って自動車は走行不可。60㎝以上でドアが開かなくなる

⚠DANGER

道路は急流の川のようになる

⚠DANGER

地下鉄は、線路が10㎝以上冠水すると走行できなくなる

⚠DANGER

階段やエスカレーターなどから大量の水が流れこむ

四方10kmの範囲を、1時間あたり100mm以上をこえる豪雨が降りそそぐ

よく晴れわたる都会の空を、突如として黒い雲がおおい、あたりは暗転する。そして、局地的にかつてないおそろしい豪雨が降りそそぐ……。黒い雲は瞬く間に過ぎ去るが、そこに残されたのは、水面にしずむ都市の姿だ……

なぜ、ゲリラ豪雨が起こったのか？

ゲリラ豪雨発生のしくみ

ヒートアイランドがゲリラ豪雨をよびこむ

短期間に局地的に降る集中豪雨を「ゲリラ豪雨」とよびます。

地上付近で空気が熱せられると上昇気流が発生し、上空に漂う冷たい空気とぶつかります。このとき、暖かく軽い空気が下、冷たく重い空気が上にある状態になります。このような状態だと大気は不安定になって、上下が入れ替わろうとする対流運動を起こします。上昇気流に水分が多くふくまれると積乱雲ができます。積乱雲は上下方向に大きく発達し、この雲が局地的にせまい範囲に大雨を降らせるのです。

都心のビル群では、アスファルトの道路やコンクリートでできた高層ビルによって、熱が逃げにくくなっています。そのうえ、エアコンの廃熱により、周辺より温度が高くなるヒートアイランド現象が起きます。ヒートアイランド現象によって、暖かい空気が上昇気流となったことが、過去に類を見ないゲリラ豪雨を招いたのです。

ゲリラ豪雨サバイバル

もし、地下鉄に乗っていたときにゲリラ豪雨によって地下に水が入ってきても、慌てて逃げようとせず、電車の中でじっとしていよう。出入口の階段には雨水が大量に流れこんでくるからだ。しばらくすれば、豪雨は終わるはず。だから、水が引くのを待とう。もし車の中にいたら、エンジンを切って早く外に出て、雨水の流れる方向とは反対方向に、しっかりと足を踏みしめて避難しよう。ドアが開かないときは窓を割って脱出するしかない。

予言10

止まない雨の呪い

DANGER

川は氾濫し、
洪水となる

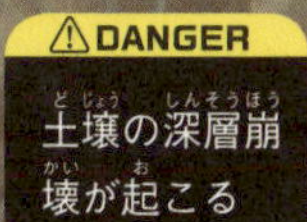

DANGER

家屋は流され、田畑は水浸しとなる

ゲリラ豪雨の次は、来る日も来る日も続く、止むことのない雨だ……お前たちを苦しめる雨の呪いはまだ終わらない……

なぜ、雨は降り止まないのか？

長雨のしくみ

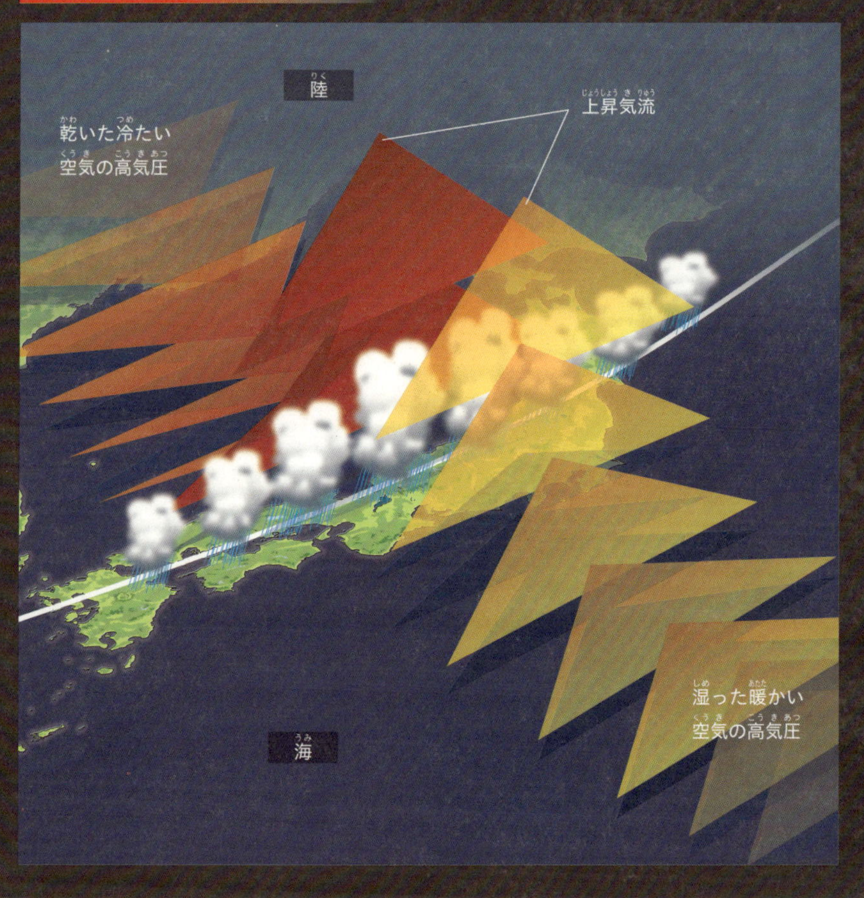

2つの高気圧の衝突、そして停滞が長雨をもたらす

海上の湿った暖かい空気の高気圧と、陸上の乾いた冷たい空気の高気圧が衝突する停滞前線の部分では、暖かい空気は軽いため上昇し、その下に冷たく重い空気が入りこみ、水蒸気を水に変えて雨を降らせます。これが長雨になるのは、海上と陸上でお互いに逆向きに動いてぶつかり合う高気圧があって、それぞれが

深層崩壊のしくみ

別の気団によって後ろから押され、次々と新たな気流が流れこむ気圧配置となった場合です。

日本付近では、北側に寒気をふくむ「シベリア気団」や「オホーツク気団」があり、南側に高温多湿の「熱帯モンスーン気団」「小笠原気団」「揚子江気団」があって、次々と交代してはやって来てそこに留まります。その結果として、一か月にもおよぶ長雨を降らせたのです。

深層崩壊の恐怖

雨が1時間に 50㎜以上、全体で 400㎜以上になると、土壌の表層だけでなく、深い岩盤までもが崩壊してしまいます。これが深層崩壊です。深層の岩盤にある小さな割れ目などに、大量の大雨や雪解け水などがしみこんだり、地震が発生すると、圧力が加わり岩盤が崩壊します。

深層崩壊は、岩盤の深いところからすべり面をつくるので、流れ出る土砂の量は表層崩壊の比ではなく、大規模な災害となります。

予言11
暗闇に鳴り響くごう音と光る閃光…
巨大雷の恐怖

⚠DANGER

雷光は光速、雷鳴は音速なので、雷鳴が雷光よりおくれて聞こえる

⚠DANGER

1億ボルトの電圧、10万アンペアの電流が瞬時に流れる

⚠DANGER

瞬間的に高温になるため青白く紫色に光るが、遠くの雷は青白い光は弱まり黄色や赤く見える

⚠DANGER

雷光は光速だが、50mほどをジグザグに段階的に進むので、速度は秒速で150〜200kmほど

天をおおう黒い雲。やがて頭上ではごう音が鳴りひびき、暗闇を雷光が切り裂く。お前たちはこの世の末期の姿を目にし、なす術がないだろう……

なぜ、巨大雷が次々と発生したのか？

巨大雷発生のしくみ

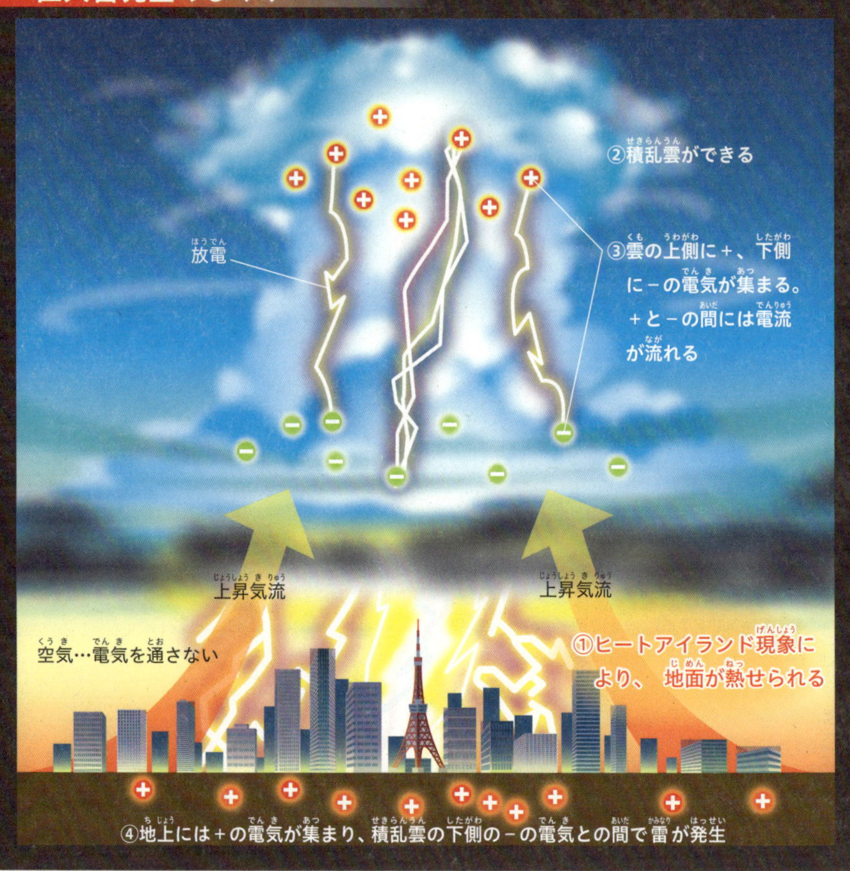

都会の広い平野と熱が巨大な積乱雲をつくる

ヒートアイランドによって暖められた空気で上昇気流が発生し、積乱雲をつくります。雲の中では水蒸気が冷やされ水や氷になり、静電気が溜まります。このとき、雲の上の方にできた軽い氷はプラスの電気、雲の下の方の重い氷はマイナスの電気をもち、地上にはプラスの電気が集まります。どんどん静電気が溜っていくと、やがて一気に雲の下のマイナス電気が地上に集まったプラスの電気に向かって飛び出します。これが雷です。

東京のような大都会は平野部にあり、広い地域で一斉に上昇気流が生じるため積乱雲が巨大化し、雷も大型になるのです。

雷は、1億ボルトの電圧、10万アンペアの電流で一瞬で空気を熱します。熱せられた空気は、爆発的に膨張し周りの空気を振動させます。これが、雷のときのゴロゴロという音の正体です。

おそろしい雷の力

雷は、雷雲との距離が近い木や高い建物に落ちやすくなっています。雲から地上の物体に電流が流れる現象が落雷で、瞬間的に10万アンペアの電流が流れることで人が死んでしまうこともあります。避雷針という電流を地下に逃がす装置で被害を受けずにすみます。もし避雷針がないと、雷の直撃で建物が燃えたり、電気設備に大きな電流が流れてこわれてしまいます。

雷サバイバル

雷鳴が聞こえたとき、屋内にいる場合は絶対外に出ない。柱や壁から離れ、電化製品から1m以上離れよう。外にいたら、雷が落ちてくるから傘をたたむ。大きな木や電柱からは4m以上離れ、近くの建物に逃げこもう。もし近くに雷が落ちて、建物が近くになかったら、両足のかかとをあわせてしゃがんで、つま先立ちし、指で両耳穴を押さえてじっとしていよう。足のかかとをあわせるのは、雷の電気が足から入ってきても片足から反対の片足へと電気を逃がすためで、つま先立ちは地面との接点をできるだけ小さくして電気の侵入をふせぐためだよ。

予言12

天の怒りが巨大なひょうとなり、天罰をあたえる

落下速度は時速
100kmを超える

DANGER

屋上に50cm以上
の穴をあけ、屋根、
雨戸を突き破る

DANGER

人の頭に直撃すると
脳挫傷を起こして致
命傷になる

天の怒りが頂点に達し、その報いとして巨大な塊をふらせ、お前たちに天罰をあたえる。容赦ない天誅から、逃げきることは不可能だ……

なぜ、巨大なひょうが降ってきたのか？

巨大ひょう発生のしくみ

記録がある中で、最大のひょうは直径七寸八分（29.6cm）、重さ九百匁（3.4kg）*もあったそうだよ

こんなのが落ちてきたらひとたまりもないよ～

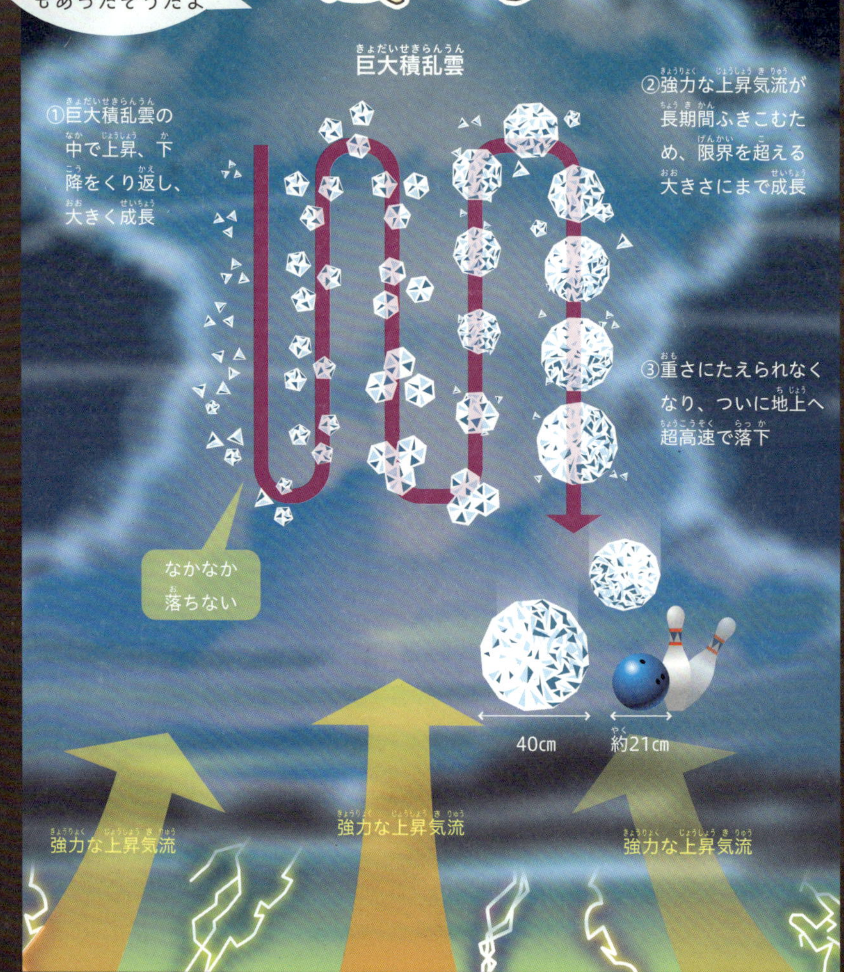

巨大積乱雲
①巨大積乱雲の中で上昇、下降をくり返し、大きく成長
②強力な上昇気流が長期間ふきこむため、限界を超える大きさにまで成長
③重さにたえられなくなり、ついに地上へ超高速で落下
なかなか落ちない
40cm
約21cm
強力な上昇気流
強力な上昇気流
強力な上昇気流

*1917（大正6）年6月29日、埼玉県大里郡熊谷町（現熊谷市）で発生

激しい上昇気流により巨大化

ひょうは、上空で氷が何層にも重なって成長したもので、5mm 以上の氷の塊を指します (5mm 未満はあられ)。

降り始めたひょうは、直径 40cm、重さ 3.5kg と、大きなカボチャ並みの大きさ。これだけの大きさがあると、落下速度は時速 100km を越え、自動車のボンネットや窓ガラスはもちろん、建物の屋根もかんたんに突き破ります。人間の頭に直撃したら即死です。

発達した低気圧が居座り、また、ヒートアイランド現象が上昇気流をさらに強力にしたことで、ひょうが成長しても地上へなかなか落下せず、さらに成長を続けてかつてないほどの大きさとなり、人々を容赦なくおそったのです。

ひょうサバイバル

ひょうは突然降ってきますが、比較的短時間しか降らないので、外にいてひょうが降ってきても、カバンや上着で頭を守って、岩の影や木の下、車や塀のわきなど身をかくせる場所にじっとしていよう。屋内では、カーテンを閉め、窓ガラスからはなれよう。車内にいたら、窓ガラスが割れることもあるけど、破片は割れてもとびちらないから、車の中にいた方がまだ安全だよ。

予言13

史上最悪の猛暑が世界を地獄に変える

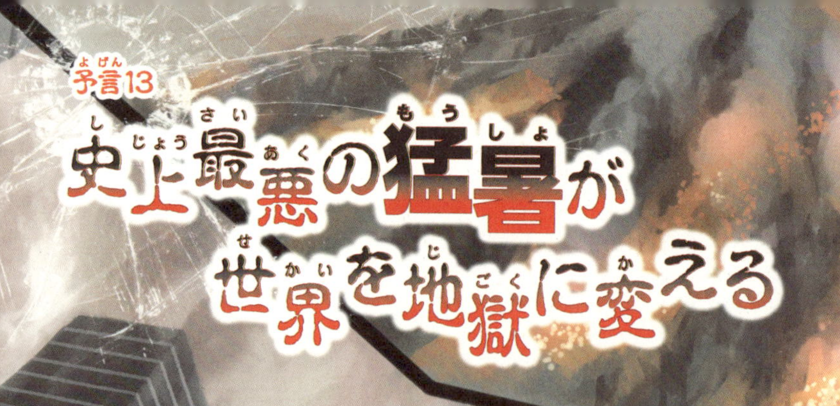

⚠DANGER

気温は50℃に迫る。強い日差しのため、道路には陽炎が立ち上る

⚠DANGER

熱中症になってしまう人が続出

DANGER
空気が乾燥、山間部では大規模な森林火災が発生
DANGER
ダム、川の水が干上がり、水道水、工場用水、農業用水が不足し、生活や工業生産、農業生産に影響がおよぶ
DANGER
太陽の強烈な日差しは道路塗装をも溶かす
豪雨から一転し、まったく雨が降らなくなる。容赦ない灼熱の太陽が世界を照らし、地獄に変える……

なぜ、猛暑が日本列島をおそったのか？

地獄の猛暑のしくみ

観測史上最高気温は41.0℃*1。世界では56.7℃*2を記録したこともある。まだまだ気温は上がり続けるだろう…

ラニーニャ現象のしくみ

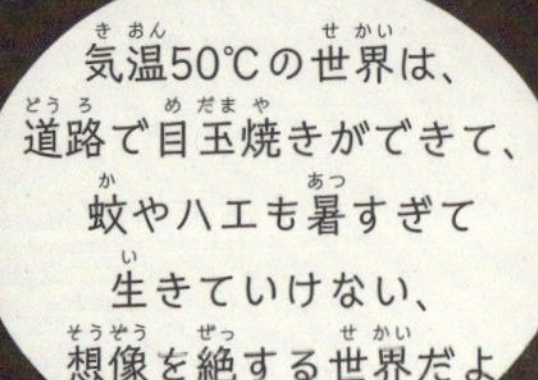

気温50℃の世界は、道路で目玉焼きができて、蚊やハエも暑すぎて生きていけない、想像を絶する世界だよ

*1 高知県江川崎（2013年8月12日）　*2 アメリカ合衆国カリフォルニア州デスヴァレー（1913年7月10日）

3つの要因が世界を灼熱地獄に変えた

東太平洋の海水温が上がり、西太平洋では下がる現象がエルニーニョ現象です。この場合、東太平洋側の気温が高く、西太平洋側では気温が低くなり、大気は下降して気圧が高くなる西高東低の気圧配置となって、日本では夏は涼しく冬は暖かくなりやすくなります。

ラニーニャ現象は、エルニーニョ現象とは海水温が逆になる場合で、西太平洋側が高温になり、日本では夏が猛暑になります。フィリピン近海の海水温が高くなって上昇気流が次々と発生し、それが日本列島付近で熱波となって次々に降ってきます。さらに、湿った空気が山を超え、気温の高い空気に変えるフェーン現象と、都市のヒートアイランド現象が加わり、気温40℃をゆうに超える日が連日のように続く、灼熱地獄となったのです。夜間も35℃を下回ることがなく、熱中症によって倒れる人が続出します。

猛暑サバイバル

熱中症になると、体内の水分が不足し体温が上がり、大量のあせが出て、頭痛、下痢、意識障害をおこし、ひどくなると死んでしまうよ。熱中症になったら、まずは体を冷やそう。日陰に行き、体に水をかけ、水分、塩分、経口補水液*3を摂るのがベスト。スポーツドリンクや清涼飲料水は糖分が多く、飲み過ぎると急性の糖尿病になるから飲み過ぎに注意。手足のしびれや吐き気がある時は病院に行こう。自分で水分補給ができないほどひどい時は、まわりの人にすぐに救急車を呼んでもらおう！　命があぶない！

*3 食塩とブドウ糖を水に溶かしたもの

予言14

地球温暖化で海が巨大化する

⚠DANGER

1m海面が上昇すると、日本の国土の0.6%が水没、砂浜の90%は消滅。そこに住む人は通常時で178万人、満潮時で410万人にもなり、台風や津波が発生すると被害を受けるのは1500万人にもおよぶ

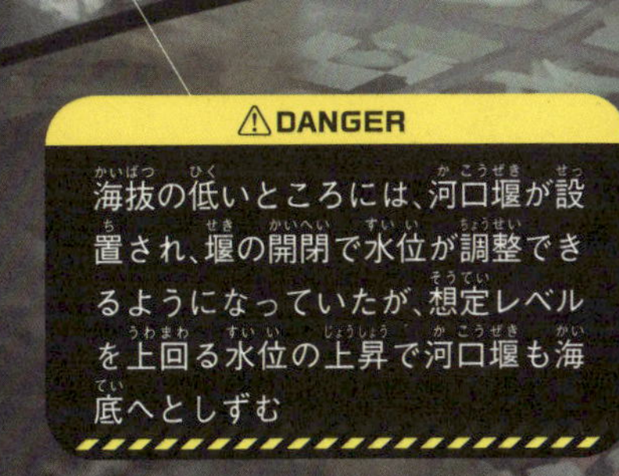

DANGER
海抜の低いところには、河口堰が設置され、堰の開閉で水位が調整できるようになっていたが、想定レベルを上回る水位の上昇で河口堰も海底へとしずむ

人間が自分たちだけの利益を考え、好き勝手をしてきたことで、地球は温暖化し、危機的な状況となっている。その報いとして、海が巨大化する……沿岸の都市は海の底へとしずむであろう……

なぜ、海面は上昇したのか？

地球温暖化のしくみ

陸上の氷の溶解と海の巨大化

石炭や石油燃料の使用や、自動車などから出る排ガスなどにふくまれる温室効果ガスが原因で、地球の温暖化は止まりません。地球温暖化によって、南極やヒマラヤ、シベリア、グリーンランドなど、陸上の氷河や氷床の溶解が止まらず、どんどん海に流れこんでいます。

また、気温の上昇にともない海水温も上がり海が膨張、つまり、巨大化します。海が大きくなることで、海面も上昇するのです。

海面上昇のしくみ

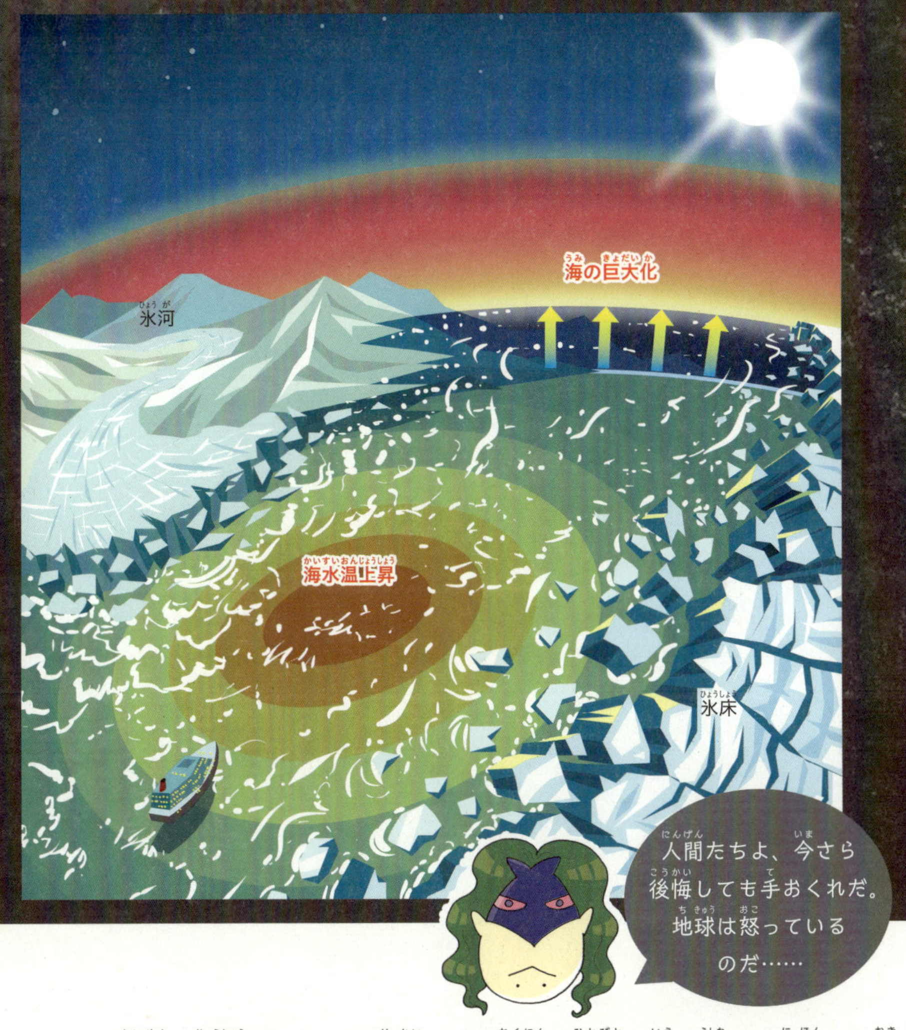

海の巨大化
氷河
海水温上昇
氷床

人間たちよ、今さら
後悔しても手おくれだ。
地球は怒っている
のだ……

40cm海面が上昇するだけで世界では2億人の人々が家を失い、日本では沖に出ている120m分の干潟が消失してしまいます。100cmの上昇で90%の砂浜は海面下になります。大阪では北西部から堺にかけての海岸線はほぼ水没し、東京でも堤防のかさ上げ工事をしなければ江戸川区・江東区・墨田区・葛飾区の海抜ゼロメートル地帯は海面下になってしまいます。

予言15

超巨大台風が災いをもたらす

⚠DANGER

直径は1600km以上。
風速は瞬間最大風速70m以上

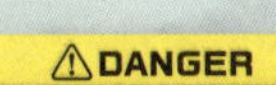

台風の目は20kmほど。台風の右側は台風の進行方向と風の向きが同じなので、風が一段と強まる

日本列島をはるかにしのぐ巨大台風が列島を縦断する。暴力的な風雨がお前たちに災いをもたらすだろう……

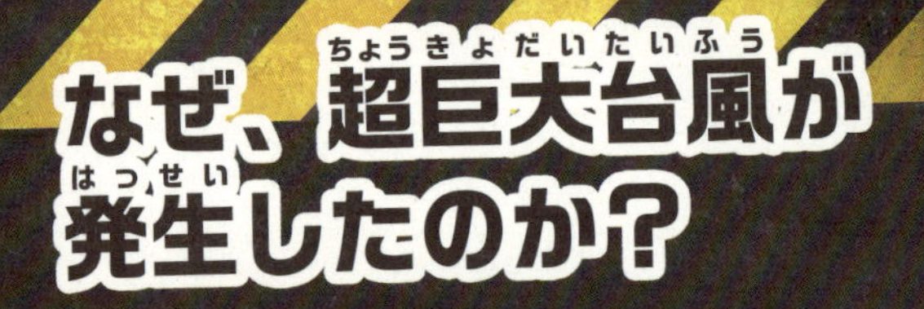

なぜ、超巨大台風が発生したのか？

超巨大台風ができるまで

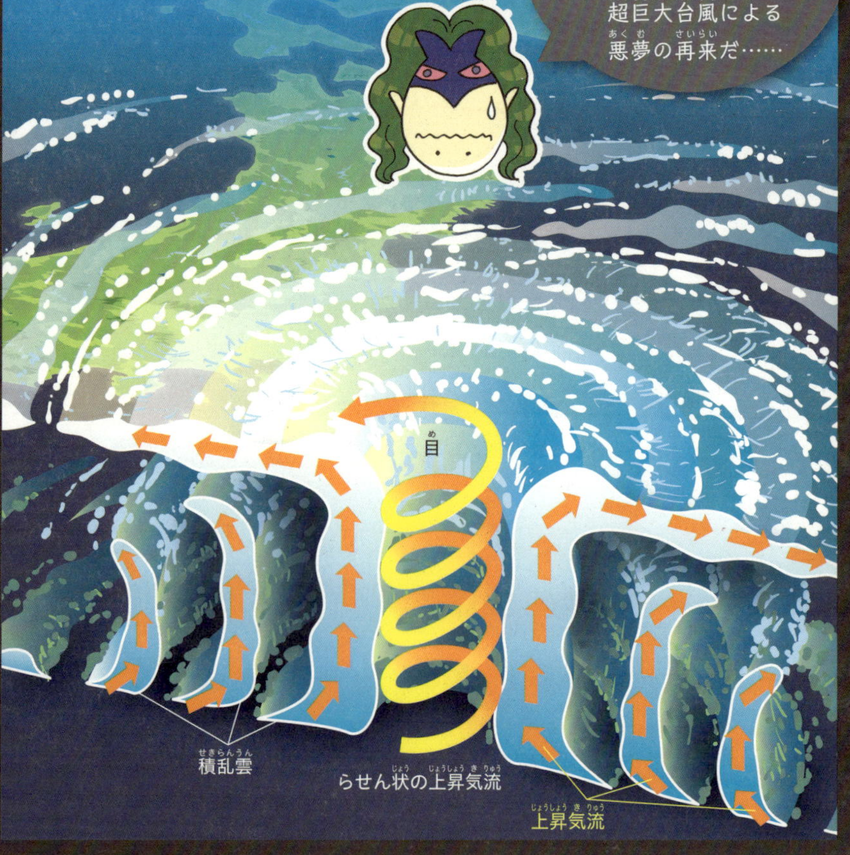

伊勢湾台風*は、愛知県や三重県を中心に、5000名近くの死者を出す歴史に残る気象災害。超巨大台風による悪夢の再来だ……
目
積乱雲
らせん状の上昇気流
上昇気流

地球温暖化により台風が超巨大化

台風は、赤道付近の暖かい海で発生する熱帯性低気圧です。最大風速が秒速17.2 m以上、最大瞬間風速が秒速 70 m以上、直径 1600km 以上の台風が「超巨大台風」です。台風は北上するにつれ、ふつうは海水温が下がるために勢力が弱まりますが、地球温暖化により日本付近の海水温が異常に高いため、弱まるこ

＊1959（昭和34）年発生

となく、さらに多くの水蒸気が台風に供給され、多くの熱エネルギーが発生し、超巨大台風にまで発達したのです。

超巨大台風は、高潮が津波のように沿岸部をおそいます。東京湾は内湾のため堤防が低いので、被害が大きくなります。最大瞬間風速70 mを超える風は、木造家屋を破壊し自動車をふっ飛ばします。この半分ほどの風速でも樹木や街灯、電柱が倒れます。また、都会は高層ビルがたちならびますが、台風による飛散物が窓ガラスを破壊し、割れた窓ガラスの破片が凶器となって降りそそぎます。

台風サバイバル

台風が来る前に側溝や排水溝の水はけを確認して、屋根・塀・壁などの補強をし、非常用持ち出し品を準備する。また、家の近くの洪水や土砂崩れの危険のある場所をチェックしておこう。いざ、台風がやってきたら、窓や雨戸をきっちり閉め、水を風呂に溜めておく。外には絶対に出ないで、ラジオやテレビの警報を聞いて避難勧告が出れば指示に従う。家から避難する場合は軽装で、火の元と戸締りを確認し、両手が自由に使えるようにしよう。外にいたら早めに家に帰ること。地下にいたら出水・停電の危険があるから、早く地上に出よう。台風は、どんなに大きくても数時間で通り過ぎるから、過ぎ去るまでおとなしく待とう。

非常用持ち出し品チェックリスト

- □ 懐中電灯
- □ マッチ
- □ 非常食
- □ 携帯ラジオ
- □ タオル
- □ 緊急薬
- □ 貴重品
- □ 現金
- □ 水

予言16

巨大竜巻がすべてを破壊する

DANGER
自動車や家屋を吹き上げる。破壊力はすさまじい

天までとどく巨大竜巻が列島を縦断する。竜巻が過ぎさったあとは、すべてが暴力的に破壊されたあとだけだ……

DANGER
竜巻の直径500m、
風速は秒速150m、
高さ1000m
DANGER
竜巻の進む速度は
時速100kmほどで
進む

なぜ、巨大竜巻が発生したのか？

巨大竜巻発生のしくみ

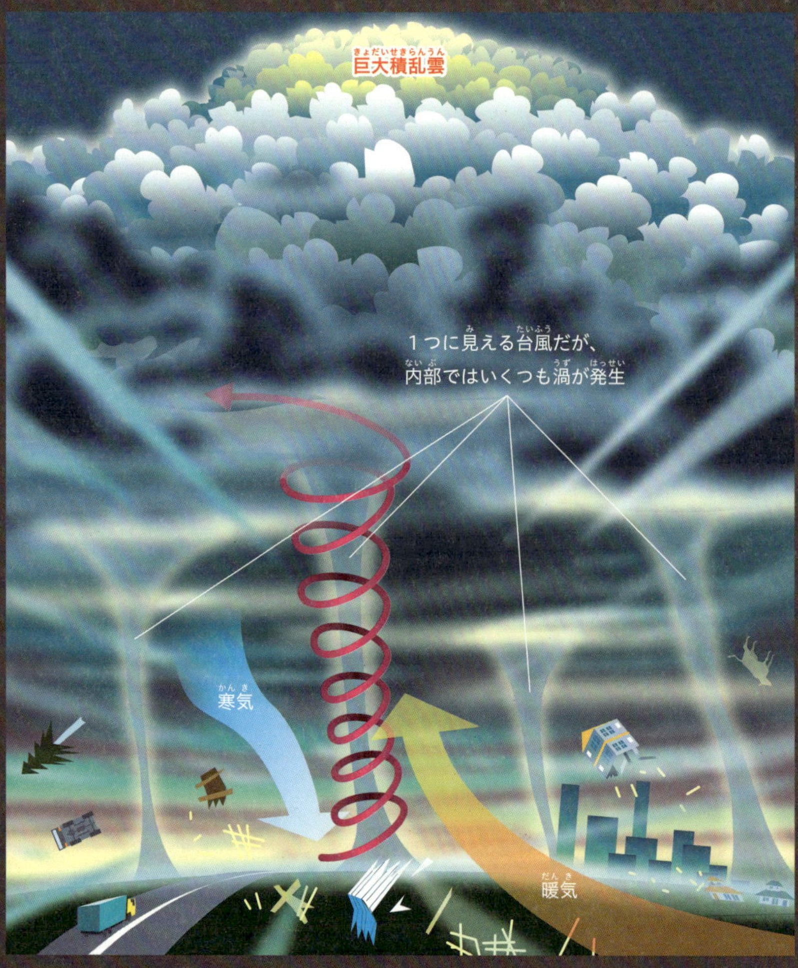
巨大積乱雲
1つに見える台風だが、
内部ではいくつも渦が発生
寒気
暖気

見た目が、「竜が立ち上る姿」に見えるから、竜巻とよばれるようになったのだ
こわいよ～

複数の渦巻が合体

寒気団が居座っている場所に、台風や寒冷前線が近づくと巨大な積乱雲が生まれます。そして、発達した積乱雲にともなって生じる激しい上昇気流の中に、高速で回転する渦巻が次々に発生して合体し大きく成長して、地上にまで達すると超巨大竜巻になります。

超巨大竜巻は、自動車を巻き上げ、木造家屋は跡形もなくふっ飛ばされ、コンクリート製の電柱はなぎ倒され、水面から吸い上げられた魚が離れた場所に雨のように降りそそぎます。空中に巻き上げられたり、建物とともにふっ飛ばされた人間は、地上に叩きつけられ、多くの死傷者が出ます。巨大竜巻の通路に原子力発電所があれば、原子力発電所は破壊され、放射能が拡散し、被害はさらに広がります。

竜巻サバイバル

家の外で竜巻にあってしまったら、竜巻の進行方向に対して直角に逃げ、近くのがんじょうな鉄筋の建物に逃げこみ、シャッターがあったら閉めてじっとしていよう。建物がなければ、溝や地面のくぼ地など、くぼんだ場所に入って、とにかく腕で頭を守ってうずくまるしかない。

家の中にいたら、1階の窓の少ない小部屋がよくトイレが最適。普通の部屋なら窓から離れ、机やテーブルの下に入って頭を守るように身を小さくして、竜巻が通り過ぎるのをとにかく待とう。風圧が均等になるように、竜巻が来る方向のドアや窓を閉め、反対側のドアや窓を開けるといい。

側溝など
くぼみに
入って身を
守ろう

予言17

豪雪が世界を真っ白に変える

DANGER

豪雪が暴風によって巻き上げられ、一帯が真っ白になるホワイトアウトにより、視界が全く見えない。方向感覚もなくなり危険

DANGER

気温は-40℃。お湯は一瞬で雪になる

⚠DANGER

降り積もった雪の重みは、1㎡で500kg。木造家屋は300kgで崩壊するため、60cm以上積もると押しつぶされる

⚠DANGER

寒さのため、地中の水が凍っておこる破裂音である氷振が起こる

史上最悪の寒波がやってきて豪雪がおそう。やがて世界は真っ白と化し、何もかも見えなくなる。まさに、この世の終わりであろう……

なぜ、史上最悪の豪雪となったのか？

豪雪発生のしくみ

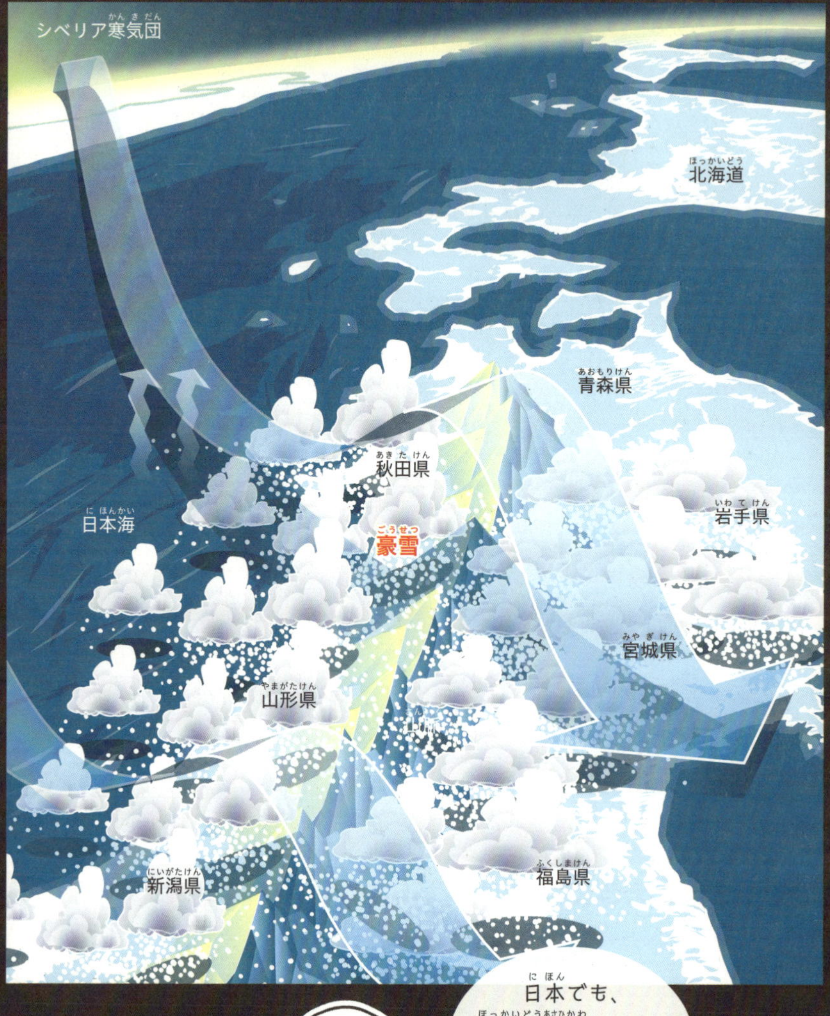

*1902年１月25日に記録。観測史上最低

大量の水分、寒気団、地形が原因

豪雪になるには、大量の水が蒸発し、それを冷やす寒気団から冷たい風が吹きこむ、という2つの条件を満たす必要があります。

寒気団からの風は、西から東へ吹きこみ、西側に寒気をふくむ高気圧、東側に水分が蒸発する海があり、さらにその東側に山脈があって雪雲がぶつかって豪雪になる、という地理的な配置が条件です。

日本の北陸地方は、西側のシベリア寒気団、中間に日本海、東側に山岳地帯があるため世界でも稀な豪雪地帯です。さらに積雪をもたらす雲が東京上空にまで広がってくると、東京にも豪雪をもたらし、極寒の世界へと変えます。

豪雪サバイバル

豪雪で身動きできなくなったら、家でじっとしているほかないが、家が全壊しかねない場合は、かまくらをつくって避難し凍えないようにしよう。車に閉じこめられた場合、近所にコンビニや公共施設があれば助けを呼び、近くに何もなければ、車から出ないでじっと待つしかない。その場合、ガソリンを節約するために、1時間ごとに10分間くらいだけエンジンをかけて車内を暖め、スモールライトは点灯させておく。車内の換気に気をつけ、追突されるかもしれないから、シートベルトをしておこう。

自然災害サバイバル…
その先にあるもの
巨大地震、巨大津波、火山噴火、巨大台風
超ゲリラ豪雨、猛暑、干ばつ、巨大竜巻
さまざまな大災害におそわれながら
サバイバーのおかげで
生きのびたツヨシたち

小学生諸君!!
ミスターZ!!

どうやら生き残ったようだな
ほめてやろう

君たちは幸運にもサバイバル方法を身につけた

これもみんな
サバイバーの
おかげである
感謝(かんしゃ)するが
よいぞ

じーっ
この箱(はこ)の中(なか)の
この声(こえ)って……
よく聞(き)いたら
……

バッ!
わっ!!

ガッ!
な、なにする!

ドサッ
ごろん
わわわっ
やっぱり!!

ぼくたちをこわがらせてどういうつもり!!
ミスターZってサバイバーだったのね!!
ワカメなんてかぶって
逆立ちなんかして

ごめん、ごめん
でも、こうでもしなきゃわかってもらえないと思ったから

たしかにこわかった
でも、あきらめず生き残ることが大切だと感じた

自然の力はスゴイよなオレ、かなわないと思った

たしかに、今回自然災害について、よくわかったわ

けれどイザというときに知恵で命を守ることが出来るんだと知ってほしかった
君たち人間は自然の秩序を無視して
自然をこわしてきた
それがどんなにおろかなことか、自然の猛威をわかってほしかった

ぼくたち、何があっても絶対助かると信じる
絶対あきらめないからね！！
ツヨシくん……その気持ちだけは忘れないでね
これから君たちの世界をもとにもどすよ
さようなら元気でね

サバイバーが消えたとたん
ぼくたちの日本はもとにもどった
そしてぼくたちは……

今までと同じように
いってくるね チロ!!
平和な日本にくらしている

おはよう ツヨシくん
おはよう

でも、ぼくは忘れないよ 自然のこわさ 大切さ……
そして命を守ることの大切さを

おわりに

日本は、自然災害が数多く起こることで、世界でもめずらしい国と言えるでしょう。

日本列島の地下では４つの異なったプレートがお互いに押し合っており、そのために地震が多発し、火山噴火が起こり、これらにともなう津波におそわれます。日本列島の東側と南側には大きく太平洋が広がっていて台風の通り道となっており、ラニーニャ現象の影響で猛暑が日本列島をおおい尽くし、北のシベリア寒気団が雪を大量に降らせ、北と南の高気圧がぶつかって長雨をもたらします。

その上、せまい国土に１億人を超す人間が住んでいるため、人口が集中した大都会ではヒートアイランド現象によって、積乱雲が発生してゲリラ豪雨や雷、ひょう、竜巻におそわれ、海岸を埋め立てた沿岸部では地震によって液状化の被害にあい、さらに地球温暖化によって海が巨大化して沿岸部が海面下に水没するという、まさに自然災害のオンパレードです。本書で予言したこれらの自然災害は、現実に、いつでもみなさんのまわりで起こり得ることなのです。

そのような日本列島に住んでいるわたしたちだからこそ、もしも自然災害におそわれたら、どのような被害が発生し、わたしたちはどのように対処したらいいのかを、日頃から考えておく必要があります。この本は、そのための参考になるように、少し大げさに書かれていますが、そこまで知っておけば大丈夫というつもりで、わかりやすくまとめたものです。

本書では、なぜそのような自然災害が起こるのかの科学的理由もしっかり書き込んでいることが特徴です。自然災害は自然が引き起こす現象であって、決して神の怒りや天罰ではありません。すべての自然現象には原因があり、人間の力で解明できるのです。本書を読むことによって、なぜこのような災害が起こったのかが明らかになると、危険性を前もって予測したり、災害から逃れたりすることもできるようになるでしょう。

実際に君たちが自然災害にあっても慌てずに冷静に対応できる、そのための「虎の巻」として本書を活用してくれたら嬉しく思います。

著者　池内 了

さくいん

さ行

た行

まぎょう行

マグニチュード……33

マグマ……50, 51, 56

マグマ溜(だ)まり……51

マントル……51

猛暑(もうしょ)……10, 11, 23, 78, 80, 81, 106

やぎょう行

融雪型火山泥流(ゆうせつがたかざんでいりゅう)……53

ユーラシアプレート……28, 29, 32, 37, 50

溶岩流(ようがんりゅう)……49, 52, 53

横(よこ)ずれ断層(だんそう)……36

らぎょう行

雷光(らいこう)……70, 71

雷鳴(らいめい)……70

ラニーニャ現象(げんしょう)……80, 81, 106

陸(りく)のプレート……32, 51

隆起(りゅうき)……26, 30

著者　池内 了（いけうち さとる）
1944年兵庫県生まれ。K-SCAN（けいはんな科学コミュニケーション推進ネットワーク）代表、総合研究大学院大学名誉教授、名古屋大学名誉教授。研究テーマは宇宙物理学。現在は科学・技術・社会論に傾注。著書に『科学・技術と現代社会』（みすず書房）、『科学の限界』（ちくま新書）、『疑似科学入門』（岩波新書）、『科学の考え方・学び方』（岩波ジュニア新書）、『宇宙論と神』（集英社新書）ほか多数。

編集協力・デザイン　ジーグレイプ株式会社
イラスト　カモシタハヤト／中田周作
漫画　手丸かの子
装丁　柿沼 みさと
写真提供　時事通信フォト

参考文献　『災害・防災図鑑　すべての災害から命を守る』ＮＰＯ法人ＣｅＭＩ環境・防災研究所監修（ＮＴＴ出版、2013年発行）、『温暖化について調べよう　地球SOS図鑑　環境をまもるための取り組み』国立環境研究所地球環境センター監修（ＰＨＰ研究所、2008年発行）、『地球に秘められた大きなパワー　火山の大研究　ふん火のヒミツがよくわかる』鎌田浩毅監修（ＰＨＰ研究所、2007年発行）、『こども地震サバイバルマニュアル』国崎信江著、河田恵昭監修（ポプラ社、2006年発行）、『かこさとしの自然のしくみ　地球のちから　シリーズ（1）～（10）』かこさとし著（農文協、2005年発行）、『地球気象探検　写真で見る大気の惑星』マイケル・アラビー著、小葉竹由美訳（福音館書店、2002年発行）、『「知」のビジュアル百科　写真でみる異常気象』ジャック・シャロナー著、平沼洋司監修（あすなろ書房、2007年発行）

「もしも？」の図鑑（ずかん）
大災害（だいさいがい）サバイバルマニュアル

2016年4月26日　初版第1刷発行
2024年7月18日　初版第4刷発行

著　者　池内 了
発行者　岩野 裕一
発行所　株式会社実業之日本社
〒107-0062 東京都港区南青山 6-6-22 emergence 2
【編集部】03-6809-0452　【販売部】03-6809-0495
実業之日本社のホームページ　https://www.j-n.co.jp/
印刷所　大日本印刷株式会社
製本所　大日本印刷株式会社

ISBN978-4-408-45586-0